LA TRANSFUSION

SYSTÈME J. DESBOIS

NOUVEAU MODE DE CULTURE

APPLIQUÉ

A LA VIGNE ET AUX ARBRES FRUITIERS

LA TRANSFUSION

*Guérison des Vignes phylloxérées
et Suppression de la Taille
des Arbres fruitiers*

SYSTÈME J. DESBOIS

EXPOSÉ PAR

J. ROY-CHEVRIER

Viticulteur, membre de plusieurs Sociétés savantes

LYON

VITTE ET PERRUSSEL, ÉDITEURS

Place Bellecour, 3 & 5

1886

NOUVEAU MODE DE CULTURE

APPLIQUÉ

A LA VIGNE ET AUX ARBRES FRUITIERS

LA TRANSFUSION

*Guérison des Vignes phylloxérées
et Suppression de la Taille
des Arbres fruitiers*

SYSTÈME J. DESBOIS

EXPOSÉ PAR

J. ROY-CHEVRIER

Viticulteur, membre de plusieurs Sociétés savantes

LYON

VITTE ET PERRUSSEL, ÉDITEURS

Place Bellecour, 3 & 5

1886

L est bien peu de Lyonnais qui ne connaissent M. J. Desbois dont j'ai entrepris d'exposer les travaux et les découvertes. Qui d'entre nous n'a franchi le seuil de son beau magasin pour y laisser quelques commandes? M. Desbois est, en effet, le fleuriste à la mode ; c'est le confectionneur de bouquets par excellence, et, comme les grands maîtres, il n'a pas

besoin de signer ses œuvres pour les faire distinguer des amateurs. Quel est le flâneur ou l'artiste qui ne s'est arrêté, maintes fois, devant son étalage de ravissants bibelots, où le Sèvres et le Saxe encadrent, comme des merveilles mille fois plus fragiles et plus précieuses, les roses de Nice, les mimosas dorés, ou les branches de lilas blanc piquetées d'œillets rouges ? Ne dirait-on pas vraiment que ces fleurs vous attirent ? A travers la glace de la montre ne croit-on pas respirer les effluves de leurs parfums ?

Que de fois, les pieds dans la boue, sous le brouillard pénétrant et glacé de décembre, je me suis surpris fasciné par ces fleurs et ces plantes exotiques ! Je m'attendrissais sur leur sort ; il me semblait que ces exilées avaient bien froid, et qu'elles devaient soupirer de toute leur corolle en songeant aux jolies collines de Vence, que les violettes doubles revêtent d'un manteau d'évêque, aux villas de Nice couronnées de palmiers et d'agaves gigantesques, ou bien à la baie de Beaulieu, avec ses forêts d'oliviers et de citronniers, ses haies vives de géraniums et ses héliotropes arborescents, et, par-dessus tout, à ce soleil créateur de toute chaleur et de toute poésie, à ce soleil de feu qui rend plus rouges les rocs du Cap Ferrat, et plus bleus les flots mouvants de la mer, à ce divin soleil qui fait éclore l'amour dans le cœur et la gaîté sur les lèvres.

Les pauvrettes ! Comme elles devaient trouver noire et gluante la boue de nos trottoirs !

S'il est vrai, comme on l'a dit, que le degré de civilisation d'un peuple se reconnaît à son amour pour les fleurs, les Lyonnais peuvent passer pour un des peuples les plus civilisés de la terre. Leur ville est, en effet, dotée d'un nombre respectable de fleuristes. Il y en a pour toutes les bourses ; il y en a même pour tous les goûts. Les clients dont la bourse est profonde et le goût délicat ne font pas défaut au magasin de M. Desbois, qui est un des plus connus de la ville.

Eh bien ! de ces clients — et ils sont nombreux — pas un peut-être ne sait l'histoire intime de ce beau magasin et ne connaît la biographie de son propriétaire.

Ecrire fidèlement cette histoire serait

*faire le plus joli roman du monde et...
le plus moral. Pour moi, qui ne fais pas
plus de romans que je n'en lis,*

Je vais la raconter; l'écrira qui voudra.

M. J. Desbois est né agriculteur,
tout comme on naît poète. Vocation
irrésistible, affaire de tempérament et
d'éducation, diront les uns, d'habitudes
ancestrales, ajouteront les plus pédants.
Quelle qu'en soit la cause, dès sa plus
tendre enfance, il aima les travaux des
champs; c'est la pioche à la main qu'il
trouva sa récréation préférée et son
délassement favori. Vint le moment où
la pratique routinière ne suffit plus à
son imagination d'éphèbe. La curiosité
s'éveillait, ardente, dans sa jeune intelligence : l'étude des sciences naturelles

pouvait seule la satisfaire. Ses parents dont les ressources très modestes ne permettaient pas de lui donner une instruction brillante et complète, le firent entrer dans une Ferme-Ecole. Ce fut à Pont-de-Veyle (Ain) que le jeune Desbois se livra à ses chères études d'agriculture.

Trois ans après, en 1867, il en sortait avec la prime d'honneur du Ministre, méritée par diverses améliorations apportées à la culture de la vigne et des arbres fruitiers. Un rapport visant les travaux du jeune lauréat fut rédigé par M. de Saint-Didier, directeur de la Ferme-Ecole, assisté du baron de Béo et du marquis de Valbreux.

Ce rapport, adressé au Ministère en 1867, fut soigneusement enfoui dans les *immenses cartons des bureaux. Ce n'est qu'en 1871 qu'il en fut exhumé. A cette époque d'effervescence nationale et de patriotique élan qui suivit nos revers, les ministres s'inquiétaient un peu plus des Pétitions demeurées sans réponse et des Rapports sans enquête.*

Victor Lefranc, à qui était échu le portefeuille de l'Agriculture, appela à Versailles l'ancien élève de la Ferme-Ecole de Pont-de-Veyle. *Il lui demanda d'exposer la théorie de son Système et d'en décrire l'application.*

Après l'avoir écouté avec bienveillance, il l'invita à se mettre en rapport avec les Sociétés de culture de province, ajoutant que, une fois son système connu et apprécié, il serait le premier à l'encourager et à le soutenir. Premier n'est-il pas, dans ce cas, synonyme de dernier ?

Pour qu'une innovation soit acceptée du public, il est nécessaire que son auteur, tout en la présentant, puisse la confirmer par le résultat de nombreuses expériences. Or rien n'est coûteux comme les expériences. La modicité des ressources de notre malheureux lauréat l'obligea à frapper à plusieurs portes : aucune ne s'ouvrit à sa voix. Les Sociétés de culture auxquelles il s'adressa ne firent pas plus pour lui que le Ministre, qui n'avait rien fait du tout.

En désespoir de cause, M. J. Desbois rédigea tant bien que mal, et plutôt mal que bien, une petite brochure, où il s'efforçait de démontrer l'utilité de ses innovations. Malgré ses défauts de style *et de méthode, cette brochure, présentée en 1872, à l'Exposition Universelle d'Économie Domestique de Paris et à celle de Lyon, obtint deux Premiers Prix et un grand Diplôme d'honneur. C'était un brillant succès, mais plus apparent que réel.*

Les jours s'écoulaient, les années s'ajoutaient aux années. Le jeune élève d'autrefois était devenu père de famille, et il sentait, plus que jamais, la nécessité de trouver des ressources moins problématiques que la réussite de ses découvertes.

À cette époque, il eut tout le loisir de méditer sur le sort des grands inventeurs poursuivis par la misère, ou par l'envie haineuse de leurs contemporains.

Au moment où les Sociétés de culture,

sur lesquelles le Ministre lui avait recommandé de s'appuyer, lui avaient
tourné le dos en haussant les épaules, les
unes par ignorance, les autres par dépit,
M. de Saint-Didier, le sympathique
directeur de Pont-de-Veyle, vint à
mourir. Il restait donc au monde vraiment seul, avec la charge d'une famille,
pour lutter contre l'adversité.

Je ne sais rien de plus respectable ni
de plus émouvant que la vue de cet
homme courageux aux prises avec le
destin, comme un pilote qui, surpris par
l'orage, se raidit à la barre. Et je trouve
cet homme d'autant plus intéressant
qu'il est revêtu du caractère doublement
auguste de père de famille et d'agriculteur.

Après la Paternité, qui est la respon-

sabilité devant Dieu du corps et de l'âme
de créatures formées de notre chair et
de notre sang, quoi de plus patriarcal
que l'Agriculture? L'agriculture est la
plus ancienne et la plus noble des pro-
fessions. C'est la plus ancienne, puisque
Dieu l'inventa, le jour où il nous
condamna à manger notre pain à la
sueur de notre front. Elle n'est donc
pas la sœur, mais bien la mère de l'In-
dustrie et du Commerce. C'est la plus
noble, parce qu'elle nous fait ressembler
au Créateur. Produire des êtres animés,
destinés, comme nous, à vivre et à mourir ; diriger leur croissance, la modifier,
l'arrêter ou la doubler à notre gré ;
veiller sur ces plantes qu'on voit pousser
et aux progrès desquelles on s'intéresse
comme si l'on était l'auteur de leur

mystérieuse fécondation ; détruire leurs parasites et guérir leurs maladies : n'est-ce pas là jouer, en quelque sorte, le rôle de la Providence vis-à-vis des plantes, ces êtres inférieurs à l'homme comme l'homme l'est à Dieu ?

Tous ces travaux se font en plein air, sous le vaste ciel qui élève les idées et les purifie, au lieu de s'exécuter dans ces salles d'usines et de manufactures dont l'atmosphère malsaine et la fréquentation dangereuse sont bien faites pour étioler et ravaler les plus généreuses natures.

Au point de vue poétique, religieux et social, l'agriculture est splendide et ne souffre pas de comparaisons ; mais, pour un père de famille dont les charges excèdent de beaucoup les revenus, rester agriculteur n'est pas toujours le moyen d'assurer du pain à ses enfants. L'agriculture est si mal protégée en France que, au lieu de demeurer la vraie ressource des indigents, elle est devenue un apanage du luxe, une distraction coûteuse permise aux seigneurs campagnards, au même titre que le sport et la chasse.

M. J. Desbois, qui était loin d'être millionnaire, se vit, en dépit de ses regrets, obligé d'abandonner momentanément ses occupations favorites pour tâcher de le devenir. Et, admirez sa naïveté, il ne se fit ni homme politique, ni courtier juif, ni marchand d'antiquités ni directeur de théâtre; il se fit tout simplement fleuriste. Ce n'était pas la voie la plus directe pour arriver à la

fortune, mais c'était le moyen de garder,
dans le terre à terre du métier, quelque
chose de ses rêves et de ses goûts innés.

Les débuts furent laborieux. Peu de
crédit et point d'expérience, telle était
la mise de fond du nouveau magasin.
Quelques souvenirs d'un temps plus
heureux, parures et colliers d'or, ser-
virent à payer les premières fleurs;
l'apprentissage se fit lentement et coûta
bien des nuits blanches.

A le voir aujourd'hui confectionner,
avec tant d'art et de facilité, ces admirables bouquets de fiançailles ; à le
regarder juxtaposer, tout en causant,
la verdure et les fleurs, entourer de fil
d'archal les tiges les plus délicates, construire peu à peu ce dôme élégant et
savamment nuancé, enrouler coquette-

ment à sa base une bordure de vieille dentelle et piquer négligemment, par-ci par-là, dans un camélia ou dans une rose, quelque riche perle fine, vraie goutte de rosée, qui se douterait qu'il fut un temps où M. J. Desbois, gauche et perplexe, se demandait comment on doit s'y prendre pour faire un bouquet ?

Ce n'est qu'à force de persévérance qu'il est arrivé à grouper les fleurs d'une façon harmonieuse et naturelle. Il a appris ainsi à faire difficilement les bouquets faciles, tout comme l'orateur apprend à préparer de longue main ses improvisations. Le premier jet a du bon ; mais le second, qui élague le premier, est encore bien meilleur.

M. J. Desbois avait trop d'intelligence et de courage pour ne pas réussir. *Au bout de quelques années, son travail devint fécond et facile. Son activité lui avait créé de nombreux clients dont plusieurs, gagnés par la cordialité de son accueil, étaient même devenus de véritables amis.*

Ce fut en 1882, après dix années de patience, qu'il put enfin réaliser son rêve : acheter un terrain et y faire des expériences. Hoc erat in votis ! Devenu propriétaire de cinq hectares environ, il planta six mille pieds d'arbres fruitiers qu'il laissa pousser vierges de taille, suivant sa méthode. Dans le même terrain, il trouva de vieilles vignes phylloxérées : il les traita et les guérit.

A plusieurs reprises, il me parla de ses expériences et de leurs résultats.

Frappé de l'originalité de ses idées, je le priai un jour, entre deux bouquets, de m'exposer son système de culture. *Il s'y préta de la meilleure grâce du monde.*

Il me fit l'historique de la Transfusion, *me décrivit ses curieux phénomènes, et insista sur l'utilité de son emploi en arboriculture. Il me dit ensuite comment il avait été amené à l'appliquer à la vigne. Cette application était, suivant lui, le meilleur remède contre le phylloxera. Traiter et guérir ainsi les vignes contaminées était chose facile, mais insuffisante, si l'on ne prenait, de suite, des mesures capables d'empêcher le retour de la maladie. Ces mesures préventives consistaient dans une culture intelligente de la vigne, une culture qui s'inspirât des leçons de la science et de la pratique et qui n'obéît plus à l'usage local ni à la routine. Pour terminer, il m'énuméra les inconvénients de la taille des arbres fruitiers, et il n'eut pas de peine à me convaincre de l'utilité de sa suppression.*

Cet exposé un peu prolixe, mais fait avec la chaleur de l'improvisation, plein de digressions piquantes et de démonstrations instructives, me parut du plus haut intérêt.

C'est le résumé de cette conférence intime que son auteur m'autorise à publier aujourd'hui. J'ai saisi avec empressement l'occasion qui m'était offerte de parler de ce rude travailleur, de ce philanthrope aussi modeste que sincère, qui a consacré vingt années de sa vie à

chercher l'amélioration du sort des cultivateurs par le perfectionnement de la
culture. Si je suis sorti du cadre de mes
études habituelles, et si j'ai sacrifié
quelques instants à cet exposé, aride
pour un rimeur et dépourvu d'intérêt
pour un historien, c'est que j'y ai vu
double service à rendre : à l'inventeur
d'abord, qui mérite bien qu'on s'occupe
de lui, et au pays ensuite, au pays tout
entier, qui est appelé à bénéficier des
découvertes de l'un de ses enfants.

Ces découvertes, je n'ai pas qualité
pour les apprécier. Je me borne à les
exposer : que chacun expérimente et que
chacun juge. Pour moi, je demeure
pénétré de la sagesse des recomman-
dations générales de M. J. Desbois.
Comme propriétaire, j'ai eu à gémir trop

souvent de la culture déplorable de mes vignes. Ce triste état de choses provient bien plus de l'ignorance des vignerons que de leur mauvaise volonté. Aussi, répandre parmi eux les notions élémentaires du travail de la vigne, donner quelques conseils pratiques pour augmenter la récolte sans fatiguer la plante, décrire enfin les merveilles de la Transfusion, m'a semblé être une œuvre opportune et méritoire.

Malgré son titre scientifique, le Système J. Desbois *ne s'adresse pas exclusivement aux savants.* Son auteur l'a conçu élémentaire pour le rendre universel : la Vérité, lorsqu'elle est bienfaisante, doit, comme la Lumière, luire pour tous.

Avant d'applaudir aux récompenses

officielles qui ne manqueront pas de couronner les travaux si féconds de M. J. Desbois, je serai, dès maintenant, heureux et fier d'avoir contribué, dans l'étendue de mes forces, à lui faire obtenir cette autre récompense, bien plus précieuse que les médailles et les diplômes, qui s'appelle l'estime et la reconnaissance de ses semblables.

CHAPITRE PREMIER.

DE LA TRANSFUSION.

LA TRANSFUSION est l'opération qui consiste à faire passer un liquide d'un vase dans un autre. Elle permet à un sujet, animal ou végétal, de bénéficier de la vie, c'est-à-dire du sang ou de la sève, d'un autre sujet plus vigoureux que lui.

La transfusion du sang, expérimentée avec succès, dès 1665, par le Dr Lower d'Oxford, proscrite en 1668 par le Parlement de Paris, et remise en honneur de nos jours, donne d'excellents résultats.

« Les exemples de retour à la vie dû à la transfusion se multiplient chaque année. Il n'est pas nécessaire que la quantité de sang injecté soit considérable : quatre-vingt-dix grammes, quarante-cinq grammes même, ont suffi pour ranimer des individus exsangues, mais bien portants avant l'hémorragie actuelle (1). »

Transportée dans le règne végétal, cette opération devient d'un emploi bien plus fréquent et bien plus aisé. Tandis que, dans le règne animal elle demande, pour réussir, la main de l'habile praticien et l'aide d'instruments perfectionnés, comme ceux de Collin et de Roussel ; dans le règne végétal, elle s'exécute naturellement, presque spontanément : le premier jardinier venu peut l'employer. Son application, très facile et par conséquent très pratique, rend d'éminents services en arboriculture.

(1) Littré, *Dict. de Médecine, de Chirurgie et de Pharmacie*, p. 1618, col. 1.

I.

Transfusion appliquée aux Arbres Fruitiers.

Un arbre bien cultivé et dirigé avec soin n'a pas à redouter l'exubérance de la sève. Les gourmands vigoureux, qui, dans un sauvageon, risqueraient d'affamer la plante et de la déformer, sont supprimés par le jardinier vigilant, et la sève est forcée de contribuer uniquement à la constitution de la charpente et à l'amélioration du fruit. Tous les efforts de l'arboriculteur doivent donc tendre à augmenter la production de la sève. On y arrive aisément au moyen de la Transfusion.

En même temps que le sujet producteur, on plante, près de lui, à un mètre d'écartement, deux arbres de même espèce qu'on a soin d'incliner de son côté. Ce sont les sujets destinés à servir de pompes nourricières. Sur ces deux sujets on annule, au moment de la végétation, tous les bourgeons, sauf l'œil terminal. Dès que leur branche maîtresse, qui peut seule ainsi se développer, a atteint une dimension suffisante, on la relie, au moyen d'une greffe par approche, au sujet producteur (1). On arrête ensuite l'œil terminal des deux sujets auxiliaires, et l'on a soin d'annuler, chaque année, tous les bourgeons qui apparaîtraient le long de leur tige.

Ces auxiliaires, reliés ainsi au sujet producteur qui centralise leur sève et en bénéficie, se comportent comme de vraies pompes aspirantes et foulantes.

Par ce moyen, de vieux arbres ont été rajeunis et des arbres très fragiles, comme le pêcher, qui s'use si vite, ont vu leur existence prolongée et leurs produits sensiblement améliorés.

(1) Ne pas oublier, après la réussite de la greffe, de détacher le lien dont on s'est servi pour opérer : il pourrait occasionner un engorgement très préjudiciable à la plante.

II.

Transfusion appliquée à la Vigne.

Cet emploi de la transfusion, que M. J. Desbois connaissait de longue date et dont il avait souvent observé les merveilleux effets, le conduisit peu à peu à en tenter l'application à la vigne.

Il lui vint alors une idée que je qualifierai de vue de génie : c'était la reconstitution du cep par lui-même, c'est-à-dire la transfusion appliquée au cep au moyen de ses propres sarments. Il recourba deux sarments, l'un à droite, l'autre à gauche : il les enterra de deux yeux et leur fit prendre racine. Les yeux enterrés donnèrent naissance à un jet vigoureux. Cette pousse fut arrêtée, les yeux intermédiaires annulés. Toute la sève, puisée par les jeunes racines des deux sarments recourbés, reflua à la souche-mère et décupla sa puissance de végétation.

Décrivons d'ailleurs minutieusement cette opération.

Recourber, avant la taille, deux sarments flexibles, l'un à droite, l'autre à gauche du cep. A une distance de trente centimètres du pied, enfouir leur extrémité à deux yeux de profondeur ; assujettir seulement l'œil extrême, et ne recouvrir le second qu'une fois la pousse sortie. A la taille, choisir deux porteurs, l'un pour le bois, l'autre pour le fruit : le premier sera pris sur un jet vigoureux, le plus proche possible du cep, et taillé à deux yeux ; le second, sur vieux bois, mais en choisissant le sarment le mieux constitué. La longueur de pousse à laisser à ce dernier variera de trente centimètres à un mètre, suivant l'âge et la vigueur du cep. On l'attachera droit, le long de son tuteur. Lorsque la sève commencera à gonfler les yeux naissants, on fera tomber les yeux des deux sarments dont l'extrémité a été enterrée ; de ceux qui sortiront du sol on ne laissera végéter qu'un seul, et l'on respectera les deux yeux les plus proches du cep. Quelque temps après, ces yeux seront arrêtés : celui qui est parti du sol, à vingt centimètres ; les deux qui sont proches du cep, à quarante; ceux du porteur à bois, le plus bas à quarante, le second à un mètre; et, enfin, ceux de la branche fruitière à un œil au-dessus de la dernière grappe.

Cette opération donne des résultats surprenants. La végétation devient des plus luxuriantes et les fruits abondent; le supplément de sève, que les sarments courbés apportent à la souche-mère, augmente tous les ans, et, dès la deuxième année, les ceps les plus vieux et les plus malades sont régénérés, j'allais dire ressuscités.

Pour obtenir ce résultat progressif, il reste bien entendu que l'œil sorti de terre sera, chaque année, rabattu, à la taille, à un œil au-dessus du sol. Cet œil, en effet, doit entretenir le système radiculaire qu'il a eu pour mission de créer, mais non pas en absorber la sève. Il n'en doit consommer que la quantité strictement nécessaire à son existence, de sorte que l'excédent, toujours considérable, reflue dans la souche-mère.

Pourvu qu'ils soient suffisamment espacés, rien n'empêcherait de donner aux ceps très affaiblis un plus grand nombre de pompes nourricières. Le résultat n'en serait que plus prompt et l'effet plus puissant.

Aux treilles, dont les cordons dénudés par l'âge sont parfois très élevés, la transfusion procure une force et une vigueur toutes nouvelles. Il suffit de renverser deux ou trois sarments et de les enterrer, l'année suivante, comme ceux des souches basses.

III.

Avantages de l'application de la Transfusion à la Vigne.

L'opération de la Transfusion appliquée à la Vigne offre de nombreux avantages :

Elle améliore les vignes saines et bien portantes ;

Elle en permet la reproduction d'une façon rationnelle et pratique ;

Elle guérit les vignes malades.

Amélioration de la vigne. — Les vignes traitées d'après ce système deviennent d'une fécon-
dité extraordinaire. Leur vigueur, comparable à
celle des plants américains, suffit à les mettre à
l'abri du phylloxera. Ce moyen préventif, bien
loin de tuer la vigne, comme le sulfure de carbone, ne peut, au contraire, qu'augmenter sa
vitalité. M. J. Desbois ne saurait trop recom-
mander l'adoption de ce mode de culture aux
vignerons soucieux d'améliorer la qualité de leur
récolte et d'en doubler la quantité.

Multiplication de la vigne. — Par la Transfusion d'après le système J. Desbois, on obtient
un grand nombre de sujets enracinés, d'une
nature infiniment supérieure aux plants commu-
nément employés.

Pour reproduire et multiplier la vigne, le système idéal est le *Semis*. C'est le plus parfait théo-
riquement, mais c'est aussi le moins pratique,
à cause de la perte de temps qu'il occasionne. Je
ne parlerai ni du *Provignage* proscrit avec raison
par les bons viticulteurs, ni de la *Bouture* qui,
universellement admise comme le mode de re-

production le moins coûteux et le plus rapide, présente certains inconvénients du provignage (1).

Grâce à la Transfusion, M. J. Desbois a trouvé un moyen de multiplier la vigne qui réunit les avantages pratiques du provin et la perfection théorique du semis. Le sarment est recourbé *extérieurement* au lieu d'être couché *sous terre* : la main-d'œuvre est la même ; mais les résultats sont bien différents. Couché sous terre, le sarment est provigné : chaque œil enterré émet un collier de racines excessivement préjudiciables à la qualité du vin et même à la santé du plant. Recourbé extérieurement, le sarment prend racine d'un seul œil et donne naissance, comme un semis véritable, à une racine pivotante.

Pour multiplier ainsi la vigne, il faut planter des ceps à deux mètres d'écartement. Lorsque les rameaux sont suffisamment développés, on les recourbe et on les fixe en terre, comme nous l'avons dit plus haut. La sève monte et fait gros-

---

(1) Columelle, dans son beau traité *De Re Rustica*, décrit le provignage et se plaint que certains propriétaires, en l'employant, aient laissé perdre des crus autrefois célèbres.

sir les yeux : on les détruit, à l'exception de ceux qui sont enterrés et des deux qui se trouvent le plus rapprochés du cep. La jeune pousse sortie de l'œil enterré est arrêtée à quarante centimètres, afin de faciliter, à sa base, le développement d'un nœud vital. Comme dans un semis, ce collet enfante un système radiculaire complet, qui, dès la même année, donne des racines pivotantes et traçantes d'une grande vigueur. Les deux yeux, près du cep, qui ont poussé de toute grandeur, serviront, l'année suivante, à une nouvelle multiplication d'individus (1).

Ces plants enracinés seront détachés du cep et mis en place à l'automne de la même année, en prenant soin, à l'arrachage, de ne pas froisser leurs racines, et, à la plantation, de ne pas les enterrer à plus d'un œil au-dessus du collet.

Ce mode de multiplication ne peut nullement porter atteinte au cep reproducteur. L'œil en-

---

(1) Par ce mode de multiplication, qui s'applique avec succès à bon nombre de plantes herbacées ou ligneuses, M. J. Deshois compte arriver à reproduire directement les arbres fruitiers. Des expériences, commencées dans ce but, donnent lieu d'espérer un heureux résultat.

terré du sarment courbé émet, de suite, plus de racines qu'il ne lui en faut pour son alimentation propre. La sève reflue souvent, et la souche-mère reçoit plutôt qu'elle ne donne. On peut donc demander au cep autant d'individus qu'il a de sarments et obtenir, par ce moyen, un grand nombre de plants bien enracinés, qui, une fois mis en place, donneront une végétation assurée et une fructification précoce. Avec de pareils sujets on reconstituera peu à peu les vignobles que la bouture rend anémiques et que déshonore parfois le provignage.

Dans les bonnes vignes dont on voudrait rajeunir les charpentes vieillies et crevassées, il suffira de choisir, sur le cep qui doit disparaître, un sarment que l'on enterre comme pour appliquer la Transfusion. A la deuxième année, quand le sarment est bien enraciné, on coupe le vieux cep et on l'enlève (1).

GUÉRISON DE LA VIGNE. — Le plus grand mérite de la Transfusion, découverte par M. J. Desbois,

___

(1) Il ne sera pas inutile, dans ce cas, de répandre un peu de chaux pour hâter la décomposition des grosses racines demeurées dans le sol.

est, sans contredit, d'être pour la vigne un remède non seulement *préventif*, mais *souverain*,
contre le phylloxera.

Je ne ferai pas ici l'historique du phylloxera.
Il reste d'ailleurs peu de chose à en dire. Tout
le monde, hélas! connaît trop ce microscopique
puceron, cause de tant de ravages, de tant de
désastres. Aujourd'hui, bien loin de décroître,
ses progrès ne font qu'augmenter : les taches
phylloxériques se multiplient, s'élargissent, et
des vignobles immenses deviennent la proie de
cet infiniment petit.

Les remèdes cependant ne font pas défaut. En
a-t-on cherché ! en a-t-on trouvé ! en a-t-on
vanté ! Que de laboratoires ont travaillé dans ce
but ! Que de creusets et d'éprouvettes ont frémi
de joie en croyant avoir découvert la recette de
cette nouvelle pierre philosophale.

Or, les remèdes brevetés peuvent se classer
en deux catégories : les bons et les mauvais (1).

(1) J'ai omis, à dessein, dans ma classification, une troisième
série de remèdes qu'on pourrait appeler les remèdes *comiques*.
L'auteur du *Vade-mecum vinicole* publié par la Société
Fermière du Grand-Hôtel, en 1884, en relate deux :
« Citons-en deux typiques. L'un propose des processions : les

Les mauvais tuent la vigne et non le phylloxera : je les passe sous silence. Les bons coûtent, pour une année de traitement, plusieurs années de revenu : je ne les indiquerai pas non plus, car mieux vaut, dans ces conditions, arracher que traiter.

Les deux remèdes les plus répandus, parce qu'ils sont les moins coûteux, la submersion des souches et l'injection de sulfure de carbone, n'ont

fidèles, bannières et croix en tête, accompagneraient leurs curés autour des vignes contaminées (on n'a pas encore de nouvelles concernant les résultats de cet exorcisme). L'autre est d'avis de bombarder le phylloxera, non à l'aide d'obus, mais en tirant du canon dans les vignes : ce serait coûteux, mais assez divertissant. »

Tout récemment, un journal bourguignon rendait compte d'expériences analogues faites au moyen de la dynamite. Chaque cep de vigne avait été projeté en l'air, à une grande hauteur : on espérait que le phylloxera aurait beaucoup souffert de l'explosion. — Et la vigne donc !...

Quant au premier moyen, il est plus sérieux et plus ancien qu'on ne pense. Depuis les *Tempestarii* visés dans les *Capitulaires* de Charlemagne jusqu'aux *Gettatori* italiens et aux *Korrigans* bretons, la superstition a toujours tenu sa place dans les pratiques religieuses des villageois. Et les formules d'excommunication lancées jadis par de braves curés contre les eumolpes (écrivains) et autres vermines funestes à la vigne pourraient parfaitement s'appliquer aujourd'hui au phylloxera.

Les *Archives de Dijon* nous ont conservé bon nombre de ces excommunications pastorales contre des insectes.

donné que des résultats bien variables, suivant le climat, le terrain, l'opérateur et l'état des vignes traitées.

La submersion n'est pas pratique, parce qu'un bon vignoble n'est pas inondable. On sait en effet que c'est l'humidité que la vigne redoute le plus : pour la fuir, elle grimpe aux flancs des coteaux et se plaît dans un terrain léger à sous-sol perméable. Si l'on parvenait à noyer le phylloxera,

Voici l'une des plus curieuses :

De l'autorité du Révérend Père en Dieu, Monseigneur Claude, par la miséricorde de Dieu, cardinal-prêtre de la sainte Eglise romaine, du nom de Givry, évêque, duc de Langres et pair de France, et son Vicaire Général au spirituel et au temporel, par l'autorité de la sainte et indivisible Trinité, confiant dans la miséricorde divine et plein de piété, je somme, et par la vertu de la sainte croix, armé du bouclier de la foi, j'ordonne et je conjure une première, une seconde, et une troisième fois, toutes les mouches vulgairement appelées escrivains, urebères ou uribères, et tous les autres vers nuisant au fruit des vignes, qu'ils aient à cesser immédiatement de ravager, de ronger, de détruire et d'anéantir les branches, les bourgeons et les fruits, de ne plus avoir ce pouvoir dans l'avenir, de se retirer dans les endroits les plus reculés des forêts, de sorte qu'ils ne puissent plus nuire aux vignes des fidèles, et de sortir du territoire ; et si, par les conseils de Satan, ils n'obéissent pas à ces avertissements et continuent leurs ravages, au nom de Dieu et en vertu des POUVOIRS CI-DESSUS INDIQUÉS, ET DE PAR L'ÉGLISE, JE MAUDIS ET LANCE LA SENTENCE DE MALÉDICTION ET D'ANATHÈME SUR CES MOUCHES, ESCRIVAINS, UREBÈRES ET AUTRES VERS QUI DÉTRUISENT LES BOURGEONS ET LES SUBSTANCES DE NOS VIGNES.

Qu'il y a loin de ces vaines Catilinaires à nos admirables prières des Rogations, où l'Eglise implore et bénit !

il ne faudrait pas s'étonner de voir la vigne partager son sort.

Quant au sulfure de carbone, son emploi est des plus délicats. Suivant la dose ou le degré de perméabilité du terrain, ses vapeurs se dégagent d'une façon fort inégale : trop faibles, elles sont inoffensives au phylloxera, et, trop denses, elles attaquent la vigne. D'ailleurs, les exemples de vignes guéries par le sulfure de carbone et rendues à leur végétation primitive, sauf peut-être en Beaujolais, où le terrain s'est montré particulièrement favorable au traitement, sont excessivement rares, pour ne pas dire nuls. Si, dans une vigne traitée avec persévérance, on constate la disparition de l'insecte destructeur, les ceps atteints n'en demeurent pas moins rachitiques et presque dépourvus de végétation.

Un autre remède, plus radical et plus funeste encore, consiste dans l'importation et dans l'essai d'acclimatation de plants américains. J'ignore si cette acclimatation est possible : quelques avantages qu'elle promette, au point de vue économique, elle n'en restera pas moins désastreuse au point de vue national. Sans doute, le

revenu du vigneron s'en trouvera momentanément augmenté; mais, si l'on envisage la conser-
vation de ce patrimoine sacré qui s'appelle *les
grands vins de France*, on est saisi de terreur et
d'indignation, en voyant se répandre parmi nous
ces produits qui n'auront de *français* que le nom.
C'est la guerre qu'il faut déclarer au phylloxera
et non point un lâche armistice que nous devons
conclure avec lui. Le phylloxera peut et doit
être détruit, et nos plants nationaux, notre gloire
en même temps que notre richesse, seront con-
servés et entretenus avec vénération.

Par le traitement de M. J. Desbois, tous ces
buts sont atteints : l'insecte est détruit et la
vigne la plus anémique reprend une vigueur
extraordinaire.

Voici la manière de procéder :

*1° Déchausser, à l'automne, les souches phyl-
loxérées, pour mettre à nu une partie de leurs
racines; appliquer à chaque cep cinq grammes
de phosphore, deux poignées de plâtre noir et
cinq centimètres de fumier d'étable* complètement
décomposé; *recouvrir le tout avec la terre qui se
trouvait sur les racines. Le phosphore et le plâtre*

agiront comme insecticides et le fumier comme reconstituant. Se bien garder, par conséquent, aux binages de la saison, de troubler ce travail latent en piochant trop près du cep.

2° Au moment de la taille, appliquer la Transfusion telle que nous l'avons précédemment décrite. Si la végétation insuffisante de certains ceps phylloxérés rend impossible l'opération de la Transfusion, il faut les déchausser et les fumer, comme au 1°, puis les raser au niveau du sol. Du vieux pied sortiront des jets vigoureux qui permettront d'appliquer la Transfusion, à la taille suivante.

C'est en procédant ainsi, depuis deux ans, que M. J. Desbois a, pour sa part, transformé en ceps productifs et luxuriants des souches décharnées, mourant d'anémie et de phylloxera. Ses expériences datent de l'automne 1883. A Meyzieu (Isère), il traita mille ceps phylloxérés âgés de trente-huit ans. Il suivit avec confiance les phases de la convalescence de cette petite vigne, et il est arrivé à y faire, cette année (1885), la plus belle récolte qu'on puisse rêver.

M. J. Desbois croit sincèrement à l'extinction

du phylloxera ; mais cette extinction n'arrivera, selon lui, que le jour où cesseront les causes de son apparition. Or ces causes ne sont pas tant une importation accidentelle que l'épuisement de la vigne produit par la mauvaise culture. Dès que le vigneron, comprenant la théorie de la culture, soignera sa vigne avec intelligence et, ce qui vaudrait mieux, avec amour, le phylloxera sera plus malade que lorsque tous les chimistes de l'Institut l'auront arrosé de leurs drogues nauséabondes.

Les principales causes de l'invasion du phylloxera et de son séjour désastreux dans nos vignes sont :

1° Les plantations trop rapprochées ;

2° Le mauvais choix des sarments pour la reproduction des espèces ;

3° Une fumure mal ordonnée ;

4° Des labours mal exécutés ;

5° Une grande dissipation de la force de la vigne.

Que le vigneron se pénètre bien de cette vérité : le phylloxera est la punition de sa paresse, de son entêtement et de sa cupidité.

Nous l'engageons à méditer les conseils que nous donnons au chapitre suivant. Il y verra comment il faut cultiver la vigne pour lui conserver toute sa vitalité et la mettre à l'abri des maladies.

CHAPITRE DEUXIÈME.

CULTURE DE LA VIGNE.

RBRISSEAU sarmenteux à moelle spongieuse, la vigne est garnie de mains ou vrilles.

Ses racines, nombreuses et vivaces, sont traçantes ; néanmoins, si la première couche végétale est trop maigre, elles plongent dans le sous-sol comme de vraies racines pivotantes, et vont chercher, parfois très loin, la nourriture qui leur est propre.

Le bois de la vigne a deux sortes d'écorces

bien distinctes : l'écorce extérieure et l'écorce
intérieure. La première recouvre le jeune bois ;
elle est plus ou moins foncée, suivant la couleur
du fruit, et elle présente des fibres longitudi-
nales faciles à détacher. La seconde, qui vient
sur le vieux bois, dur et sans aubier perceptible,
est au contraire très adhérente.

Les bourgeons de la vigne sont garnis de
nœuds saillants. Chaque bourgeon porte habituellement, d'un côté un œil, et de l'autre une
grappe ou une vrille.

Les feuilles sont alternes, divisées en cinq
lobes inégaux à bords dentelés irrégulièrement.
Elles sont portées par des pétioles cylindriques
et forts, de même nature que le sarment dont ils
sont le prolongement. A l'aisselle de chaque
feuille on remarque deux yeux : l'un, appelé
faux bourgeon (1), petit, vert et vigoureux, se
développe en même temps que les feuilles ;
l'autre, gros, obtus, enveloppé d'une bourre
très fine, très serrée et recouverte d'écailles, ne

(1) C'est un gourmand qui affame la plante, si on le laisse
croître.

s'ouvre qu'après l'hiver, c'est-à-dire au bout d'une année révolue (1).

Les bourgeons sont les générateurs des feuilles et des fruits. Un bourgeon de force moyenne donne de une à trois grappes. Ceux qui ne produisent que des feuilles n'en sont pas moins fort utiles, puisque, sans les feuilles, le raisin ne pourrait ni croître ni mûrir. Le *Mildew* (2), cette terrible maladie qui a désolé nos vignobles, ces dernières années, et changé en vinaigre les produits de nos meilleurs crus, a démontré, d'une façon trop évidente, le rôle important que jouent les feuilles dans la végétation de la vigne.

La grappe émise par le bourgeon, peut être stérilisée en tout ou en partie, au moment de la

(1) C'est le bourgeon stipulaire destiné, en cas de gelée, à remplacer les bourgeons fructifères détruits.

(2) On sait que le sulfate de cuivre est un remède souverain contre le mildew.

Dans une communication faite, à ce sujet, le 23 novembre dernier, à l'Académie des Sciences, Mme la duchesse de Fitz-James préconise l'emploi de l'*eau de chaux* dans les vignobles du sud de la France, de préférence au sulfate de cuivre, dont la diffusion ne saurait être complète sous un ciel aussi implacablement serein que le ciel du Midi.

Cf. *Intermédiaire des Chercheurs et Curieux*, n° du 10 janvier 1886, col. 25.

floraison, par deux accidents dus à de mauvaises conditions atmosphériques : l'avortement et la coulure. Par des pluies froides et continues ou bien par des rosées nocturnes trop abondantes, la corolle ne se détache point ; les étamines, restées collées, ne peuvent lancer leur fine poussière de pollen. La fécondation est alors incomplète ou nulle. Incomplète, elle constitue l'avortement ; dans ce cas, les grains, privés de pepins, n'atteignent pas la moitié de leur grosseur normale, mais sont, par contre, plus délicats au goût et plus précoces. Si elle est nulle, il y a coulure. La coulure entraîne, non plus seulement la diminution des grains, mais leur absence totale. La grappe est donc, suivant le cas, diminuée ou détruite en son entier (1).

Par un temps chaud bien que pluvieux, si le soleil parvient à percer les nuages et à verser, même à de rares intervalles, ses bienfaisants rayons sur les pampres mouillés, la floraison réussit parfaitement et permet à l'ovaire de se développer.

(1) Voir plus loin, au § iv, le moyen de prévenir la coulure et de remédier à la gelée.

L'ovaire forme une baie charnue qui contient de un à cinq pepins, durs, secs, presque ligneux. Outre ces pepins qui sont sa semence, le raisin renferme encore deux substances bien distinctes : la pulpe et la résine colorante.

La pulpe ou *parenchyme* forme le moût, le jus sucré du raisin : ce jus est d'un blanc vert à peu près incolore. La résine colorante adhère à l'intérieur de la pellicule. Malgré la maturité du fruit, elle conserve toujours une espèce d'âcreté. La fermentation de la cuve développe toutes les parties de cette résine et produit, en les mélangeant avec la pulpe, la coloration du vin.

Chaque grappe est formée de plusieurs grapillons ou bouquets : les supports de ces grapillons, attachés dans un ordre alterne sur la queue ou râfle, sont de même nature que les vrilles.

Nous ne nous attarderons pas davantage à décrire cet arbrisseau que tout le monde connaît. Il n'en est pas, en effet, de plus vulgaire, dé plus banal; mais, par contre, il n'en existe pas de plus utile ni de plus gracieux. Le paysan, homme pratique par excellence, tient la vigne en grand honneur parce qu'elle lui rapporte, suivant les pays, de trois à huit fois ce que lui rapporterait une terre (1). Il la cultive mal, c'est vrai ; il la plante souvent dans des sols et à des expositions qui lui sont contraires. Aussi fait-il du gros vin, du mauvais vin ; mais, si dur et si acide qu'il soit, son vin trouve preneur, et, je le répète, l'expérience prouve que, même par une année d'abondance où le vin est à vil prix, la récolte moyenne d'un vignoble vaut de trois à huit fois le revenu d'une ferme de même étendue.

Tandis que le cultivateur demeure tout entier à son maximum de revenu et ne voit pas plus loin que sa pile d'écus, le penseur, l'écrivain, élargissant la question, s'intéresse à la culture de la vigne parce qu'il considère son existence comme une des conditions de notre identité nationale. Le vin, le bon vin, j'entends, nous a fait *Français* (2), c'est-à-dire gais, spirituels et braves. Du jour où la vigne aura disparu du sol de la Gaule et où nous serons condamnés à la

(1) Jules Guyot, *Culture de la vigne et vinification* ; p. 8.

(2) Dans un Edit resté célèbre, Domitien ordonna l'arrachage de toutes les vignes des Gaules et en interdit la replantation. Cet Edit, dont la mise en vigueur ne fut heureu-

bière ou à l'hydromel, notre caractère changera
en même temps que notre tempérament. Le sang
s'épaissira, l'imagination sera moins vive et le
jugement moins net. D'hommes d'esprit que
nous sommes, nous deviendrons des savants té-

sement jamais complète, fut rapporté par Probus, au bout de
deux siècles (281).

Domitien, tyran lâche et cruel redoutait le soulèvement des
Gaulois dont il connaissait le mécontentement croissant. Or,
de même que les Philistins avaient paralysé les forces de
Samson par le rapt de sa chevelure, le César tenta de diminuer
la virilité de ses futurs ennemis en les sevrant de leur géné-
reuse boisson,

Montesquieu (*Esprit des Lois*) explique cette mesure par la
crainte que l'on concevait à cette époque de l'invasion des
Barbares. Les Germains, attirés par le vin gaulois, auraient pu
faire irruption sur le territoire de l'empire. Pourquoi, dans ce
cas, ne pas s'attacher les Gaulois par des bienfaits, au lieu de
les irriter par des vexations de toutes sortes ? Ne s'offraient-ils
pas comme une digue naturelle de taille à résister au flot des
envahisseurs ?

D'autres historiens, forts du récit de Suétone (*C. Suet. Tranq.*
lib. VIII), affirment que l'empereur voulut prévenir le retour
des disettes de blé et que, la culture de la vigne empiétant sur
celle du froment, il ruina celle-ci pour sauver celle-là. Les
auteurs qui croient cet Edit inspiré par des considérations d'E-
conomie politique, ignorent, sans doute, que le sol favorable
à la vigne ne convient nullement au froment et vice-versa.
Aussi les coteaux pierreux dont on arracha les vignes de fins
cépages durent rester en friche et la production du blé ne
s'en trouva pas sensiblement augmentée.

Il est bien plus humain et plus juste de reconnaître, dans
cette mesure, moins économique que vexatoire, la terreur

nébreux. La France rentrera dans les brouillards du Nord et s'engourdira entre la morgue britannique et le pédantisme germain. La culture du bon vin est notre sauvegarde ; c'est une culture vraiment patriotique. Pourquoi l'Etat

qu'inspiraient à Domitien ces Gaulois chevelus et farouches, lions enchaînés qui pouvaient, d'un jour à l'autre, briser leurs liens et dont il était prudent de rogner les ongles.

Les Gaulois puisaient certainement une partie de leur courage dans le vin. Je ne prétends point par là qu'ils s'enivrassent régulièrement la veille des batailles, mais seulement que l'usage du vin avait réagi sur leur tempérament lymphatique : l'alcool de ce breuvage n'avait pas peu contribué à exciter leurs nerfs et à tendre leurs muscles d'acier.

N'en déplaise à la Poésie, qui aime à chanter le blond hydromel bu dans des crânes cerclés d'or, et à l'Histoire personnifiée par Rollin, qui prend la plume des mains de Tite-Live, pour nous dire *(Hist. Rom.*, t. XII) que les Gaulois, maitres de Rome en 389, avaient été attirés en Italie par l'amour du vin, *liqueur délicieuse et nouvelle pour eux, dont ils avaient goûté par hasard*, les Gaulois ont connu de tout temps l'usage du vin. Non seulement ils ont connu le vin, mais ils l'ont aimé avec passion. Diodore de Sicile raconte *(Diod. Sicul.*, lib. V) qu'ils échangeaient volontiers un esclave ou des bestiaux contre une amphore de vin ; mais ces échanges se faisaient entre eux, avec du *vin de leur cru.*

En effet, les Phocéens qui, cinq ou six cents ans avant J.-C., abordèrent au rivage Provençal, y trouvèrent des vignes florissantes. Ils enseignèrent à leurs cultivateurs un mode de taille destiné à augmenter leurs produits : *tunc et vitem putare... consueverunt*, dit Justin (lib. XLIII, cap. IV). Mais les vignes n'en existaient pas moins auparavant, et, déjà à cette époque, les Gaulois faisaient du vin. Or, la descente de Brennus en Italie eu ne protégerait-il pas nos grands crus au même titre que les monuments nationaux? S'il s'est trouvé des vandales pour démolir Cluny, il s'en trouvera peut-être pour ruiner Corton et Chambertin.

lieu deux ou trois siècles plus tard. Comment donner alors pour prétexte à cette invasion l'amour du vin, *liqueur inconnue aux Gaulois?* Le vin, qui avait fait des Gaulois un peuple belliqueux et conquérant était peut-être bien la *cause*, mais non pas le *prétexte* de l'expédition.

Les vignes françaises, pour la plupart *autochtones* (Lavalle, *Hist. et Statist. de la Vigne et des Grands Vins de la Côte-d'Or*, p. 8) sont probablement postérieures de très peu à celles que Noé planta en Asie.

Dès que nos pères, les Gaulois, quittant les tanières des forêts pour se construire des maisons, se rassemblèrent à la lueur de la civilisation naissante; dès qu'ils se donnèrent la peine de semer du blé et de faire cuire le gibier tombé sous leurs flèches, ils cueillirent le raisin et burent son jus fermenté. Leurs chants de guerre sont pleins d'allusions au vin ; et, bien loin de dire, comme aujourd'hui,

> *Vive le cidre de Normandie !*

ils s'écriaient :

> *Gwel eó Gwin ar gal*
> *nag aval.*

> *Mieux vaut vin de Gaulois*
> *Que de pommes.*

On peut donc affirmer, non sans raison, que l'esprit pétillant et l'enthousiasme chevaleresque qui constituent le fonds de notre caractère, proviennent d'un long usage du bon vin, de ce vin gaulois qui, je le répète, nous a faits Français.

L'émotion a été grande lors de l'apparition ou plutôt des ravages du phylloxera. Les vignerons n'ont cru au mal que du jour où ils ont été atteints eux-mêmes. Ils n'ont pas eu alors assez d'injures ni d'infections chimiques pour l'insaisissable insecte qui, collé à l'épiderme des racines de leurs ceps, en absorbait toute la sève et toute la vie.

Et cependant le phylloxera, comme l'oïdium, le blanc, la pourriture noire, etc., etc., n'était qu'une conséquence de leur mode de culture. Voilà près d'un demi-siècle que les viticulteurs les plus distingués, Joigneaux, Jules Guyot, Noël Chomel, Baume, Morelot, etc., ont prêché au vigneron d'abandonner la routine, de se conformer aux progrès de la science et d'expérimenter, au moins, s'il ne voulait l'accepter de prime abord, une méthode rationnelle de culture. Quelques propriétaires ont écouté ces sages conseils : les autres voient aujourd'hui leur domaine disparaître.

Et si la vigne a su résister, jusqu'à présent, à tant de mauvais traitements, c'est qu'elle est d'une nature essentiellement robuste. Aucun

arbrisseau ne se laisse étouffer ni mutiler comme
elle. A l'état sauvage, un cep couvre des
espaces immenses; la serpette du vigneron l'en-
serre dans un mètre carré. Le modeste arbuste,
qui se contente, chez nous, d'un tuteur de quelques pieds, s'élance, en Afrique, comme les
lianes du Nouveau-Monde, et traverse des fleu-
ves. Ce petit cep, gros comme le bras, peut devenir un arbre majestueux (1). « C'est à juste
titre, dit Pline, que la vigne était, en raison de
sa grandeur, considérée comme un arbre. On
voit à Populonium une statue de Jupiter faite
d'un seul cep de vigne, qui, malgré son ancien-
neté, est restée intacte. Marseille montre une
coupe faite du même bois. Le temple de Junon,
à Métaponte, était soutenu par des colonnes
faites de bois de vigne, et, aujourd'hui encore,
on monte au temple de Diane, à Ephèse, par un
escalier dont tous les gradins ont été fournis
par un seul cep de vigne. »

(1) De là ces expressions bibliques : *Habitare sub vite suâ,
sedere subtus vitem suam.* (III Reg. iv, 25 ; — Mich. iv, 4 ; —
I Mac. xiv, 12.)

Vocare amicum subter vitem (Zach.. iii. 40.)

Et je ne crois pas qu'il s'agisse de simples tonnelles.

Nous sommes loin aujourd'hui de ces pousses homériques, et ce ne sera pas trop de tous les conseils des savants ni de tous les efforts des cultivateurs pour ranimer cette pauvre plante qui se meurt d'épuisement.

I.

Terrains et Expositions favorables à la Vigne.

La vigne vient dans tous les terrains et à toutes les expositions. Elle s'accommode également bien des terrains calcaires, siliceux ou volcaniques; même, elle prospère dans des terrains maigres et perméables où d'autres végétaux ne vivraient pas. Pourtant, lorsqu'il s'agit de planter une vigne, on choisit habituellement les terres sèches, légères, et couvertes de petites pierres qui renvoient les rayons du soleil, bien que la vigne pousse plus vigoureusement dans les terres franches et fortes, remplies de sucs et de sels, et qu'elle y rapporte le triple et le quadruple de ce qu'elle donne ailleurs.

Deux raisons ont déterminé cette préférence : la nécessité et l'utilité. La nécessité, parce qu'on réserve les terres qui ont du corps aux céréales dont la culture serait difficile et peu rémunératrice dans tout autre sol ; l'utilité ensuite, parce que des sucs trop épais et trop substantiels ne peuvent faire qu'un vin dur et grossier, tandis que, dans les terrains légers, pénétrés aisément par l'air et le soleil, le vin est susceptible d'acquérir beaucoup d'alcool et de bouquet.

Si la terre est de mauvaise qualité et le sous-sol rocheux, on fume légèrement et on espace davantage les plants ; les racines traçantes gagnent alors en étendue ce qui leur manque en profondeur.

A quelle culture, autre que celle de la vigne, pourrait-on, dans les climats qui lui sont propres, employer les collines sablonneuses et les coteaux pierreux? Les rives septentrionales du lac Léman et les bords du Rhône, dans le Valais, sont couverts de vignobles assez estimés (1). Ce sont des coteaux rocheux, presque abrupts. L'homme a lutté contre la nature et lui a arraché, à force de courage, le salaire quotidien. Les rochers ont été taillés en gradins ; de la terre végétale a été apportée sur ces terrasses, et la vigne qu'on y a plantée a parfaitement réussi.

Les coteaux conviennent mieux à la vigne que la plaine : ils permettent le facile écoulement des eaux et, grâce à leur inclinaison, ils reçoivent perpendiculairement les rayons du soleil. De la chaleur, et pas d'eau stagnante dans le sous-sol : tel est le secret de la plupart des bons crus.

La chaleur, on le sait, provient surtout de l'exposition. Or, l'exposition la plus favorable à la vigne est le Midi, dans les pays froids, et le Levant, dans les pays chauds. Le Couchant (2) peut offrir certains avantages, suivant la latitude. L'exposition Nord est bannie de tout bon vignoble.

(1) Yvorne, Clos du Rocher, Crosex Grillé, La Maison Blanche, La Vaux, etc.

(2) Dans les pays chauds, le couchant est la plus mauvaise exposition. Virgile le dit formellement (*Georg.* ii, 298.)

Neve tibi ad solem vergant vineta cadentem.

Quant à l'humidité du sous-sol, c'est au défoncement qu'il appartient de la prévenir ou de
la faire disparaître.

II.

Défoncement du Sol.

Le défoncement d'un terrain ou *miné* se fait
généralement par fossés obliques, larges et profonds de soixante à soixante-dix centimètres. On
a l'habitude, dans ce travail, de renverser la dis-
position naturelle des couches du terrain, c'est-
à-dire d'enfouir la première couche du sol et de
la recouvrir par les couches inférieures.

Ce genre de défoncement, employé dans des
terrains à sous-sol perméable, suffit pour assurer
la végétation, mais non pas la fructification. Car
la terre du sous-sol, que la bêche a mise à la lumière, étant toujours pauvre en humus, ne contient que des aliments grossiers, peu assimila-

bles par les spongioles du chevelu. De ce fait,
l'alimentation est laborieuse, et, si la plante ne
périt pas, elle demeure du moins fort longtemps
improductive. Pour devenir fertile et substantielle, cette terre, où le cep sera forcé de puiser
la majeure partie de son alimentation, doit être
plantureusement fumée, ou bien, fécondée à la
longue par le soleil et les agents atmosphériques.

Ce genre de défoncement cause donc une dé-
pense supplémentaire ou une perte de temps
considérable. Mais si, au lieu d'être riche en
sous-sol, le terrain à miner est argileux ou rocheux, ce système offre des inconvénients bien
plus grands encore. Qu'il suffise d'en signaler
deux : *la descente des terres*, et *le barrage des
eaux*.

Les terres, une fois *descendues*, peuvent et
doivent même *se remonter* (1) ; mais c'est là un
travail fort pénible qu'omettent volontiers la
plupart des vignerons. C'est à une main-d'œuvre

---

(1) « De tout temps aussi on a remonté, dans les parties
élevées des coteaux, les terres que les eaux en avaient fait descendre. Ce transport de terre ou de marne se faisait à dos
d'hommes ou au moyen d'ânes. »
(Comptes de Notre-Dame de Beaune.)

toujours coûteuse qu'il faut alors avoir recours pour rétablir l'équilibre du terrain.

Quant aux eaux croupissant dans le sous-sol, elles feront périr tous les ceps dont elles atteindront les racines. Il n'est pas rare de voir une vigne en plein rapport présenter les symptômes d'un malaise inconnu. Les feuilles deviennent jaunes ou rouges ; l'extrémité du bourgeon blanchit, le raisin se dessèche, et la végétation cesse presque subitement. La cause en est bien simple : l'eau de pluie ou de source, arrêtée, sur un sous-sol imperméable, par les barrages qu'a formés le défoncement à fossés obliques, séjourne dans les parties les plus basses, et, comme l'évaporation y est impossible, elle s'y corrompt et corrompt avec elle le terrain qu'elle détrempe.

Si on examine les racines des ceps qui se trouvent dans cette humidité infecte, on voit de quelles altérations profondes elles sont atteintes. Mous et pourris, leurs tissus hypertrophiés ne résistent pas à la pression du doigt. Il arrive parfois que des ceps ainsi attaqués ne périssent pas complètement. Dans ce cas, leur existence est prolongée par des racines chevelues demeurées saines, au-dessus de la région humide ; mais la sève appauvrie, qui les empêche de mourir, est impuissante à les faire fructifier.

M. J. Desbois a longtemps cherché la cause de ces altérations soudaines et fréquentes qui diminuent trop souvent la récolte, et qui, chose plus grave, emportent, chaque année, plusieurs ceps. La pratique lui a enfin montré que la manière vicieuse dont on avait opéré le défoncement préalable devait en être la raison ; car, après avoir fait miner, selon sa méthode, un terrain habituellement très humide et à sous-sol rocheux, il a obtenu une végétation luxuriante et des fruits abondants.

Voici sa manière de procéder :

Dans les terrains à défoncer, on sème, l'année qui précède le miné, trèfle, pois, vesces ou féveroles. On commence le défoncement à la floraison de la plante. On creuse un premier fossé de bas en haut du terrain. Sa largeur doit être de soixante centimètres et sa profondeur de soixante-dix. Le sol de ce premier fossé, c'est-à-dire la première couche de vingt à trente centimètres d'épaisseur, sera déposé à côté de cette première tranchée, ainsi que les quarante centimètres compris dans le sous-sol. Une fois ce premier fossé ouvert, on répandra, au fur et à mesure du travail, de la poussière de chaux : si le terrain est compacte, la quantité de chaux devra être plus considérable.

En entamant le second fossé, on mettra la première couche de trente centimètres d'épaisseur sur le déblai du premier fossé, puis on jettera dans la tranchée ouverte les quarante centimètres de sous-sol.

Aux tranchées suivantes, on observera le même ordre et l'on recouvrira les couches de quarante centimètres par celles de trente, c'est-à-dire le sous-sol par le sol superficiel ; de telle sorte que le terrain se trouve miné à fond, sans que rien ait été changé dans la superposition naturelle des couches végétales.

Le défoncement, opéré suivant cette méthode a donné les résultats les plus satisfaisants. Chaque fossé devient un drainage pour le terrain. Les racines des ceps se développent dans un milieu favorable. La racine pivotante rencontre, dans le sous-sol, cette terre vierge qui contient, sous une forme grossière, des sels solubles ; ses larges pores les absorbent aisément et les font concourir à la construction de la charpente du végétal. Quant à la racine traçante, son chevelu trouve dans l'humus de la première couche, une nourriture abondante très appropriée à la fructification.

En outre, les terres sont plutôt remontées que descendues, puisque le travail s'est fait en montant (1).

On voit que, pour des raisons multiples, cette manière de procéder mérite l'approbation des viticulteurs. C'est la seule qui prépare le terrain d'une façon pratique et efficace en vue d'une bonne plantation.

---

(1) Le terrassier, pour exécuter ces fossés, se sert de la pioche et de la pelle. Une fois le sol entamé avec la pioche, il jette la terre toujours devant lui, à l'aide de la pelle. Les fossés allant de bas en haut, les terres se trouvent, par le fait, légèrement remontées.

III.

Plantation.

Le mode de planter n'est pas moins important que le mode de défoncer. Si les minés vicieux de nos vignerons sont la cause fréquente de dépérissement pour la vigne, la mauvaise plantation, elle aussi, est, pour cet arbuste, une condamnation sans appel. Il n'y a pas de soins ni de bonne culture qui puissent rendre luxuriant un vignoble mal planté.

On a la détestable habitude de planter les ceps trop près les uns des autres. On les espace de cinquante à soixante centimètres, quand le double de cet espace est le minimum strictement nécessaire à la vie de la plante. Qu'arrive-t-il? Au bout de quelques années les racines de ces ceps, enchevêtrées d'une façon inextricable, se disputent une trop rare nourriture. Le soleil ne peut pas pénétrer dans ces pampres touffus ni dorer leurs fruits. Peu à peu la sève de ces plants s'appauvrit, diminue et cesse tout à fait. Ces ceps périssent alors d'asphyxie ou d'inanition.

C'est donc un bien sot calcul que de croire augmenter son revenu en multipliant le nombre des plants dans une surface déterminée. « Les vignes plantées et entretenues de 20,000 à 40,000 ceps à l'hectare, dit Jules Guyot, sont l'exemple le plus frappant de l'avidité déçue par la sottise et l'ignorance. Une vigne à 10,000 **ceps** peut produire et produit plus qu'une à 40,000 ceps. (1) »

L'expérience nous a appris que la meilleure distance à conserver entre les ceps était de un mètre vingt dans les bons terrains, et de un mètre cinquante dans les terrains inférieurs à sous-sol peu profond.

Si l'on ne se préoccupe pas assez de la quantité d'air et de sol à accorder à chaque jeune plant, on ne s'inquiète nullement de la nature même de ces plants. On ne choisit pas les sarments; tout

____

(1) Jules Guyot, *op. cit.*

cep paraît bon reproducteur : grave erreur, qui ne contribue pas peu à la propagation des maladies de la vigne. La décadence des espèces provient, en majeure partie, de ce mauvais choix, ou plutôt de ce manque de choix des sarments.

Au lieu d'accepter des plants dont il ignore la provenance et qui sont pour la plupart anémiés et malades, le vigneron intelligent doit choisir lui-même ses sarments. Il les faut sains, vigoureux et acclimatés, c'est-à-dire appropriés au sol et à l'exposition. M. J. Desbois recommande, en outre, de les choisir, autant que possible, avec talon sur vieux bois. S'ils n'en ont pas, on peut en former un artificiel : il suffit, pour cela, de partager l'œil placé en dessous du premier qui est appelé à donner racine ; la mérithalle, laissée entre ces deux yeux, constitue alors une espèce de talon et assure la végétation du premier œil (1).

(1) La crossette sur vieux bois a donné lieu à bien des controverses. Le Dr Morelot la recommande ; Jules Guyot la condamne. La crossette cause un embarras de sève qui retarde la végétation et gêne la reprise de la bouture. Ceci n'est vrai

En mars ou avril, au moment de commencer la plantation, l'on se procurera un récipient capable de contenir environ un millier de sarments. Avec des excréments de bêtes à cornes, de bonnes cendres de bois non lessivées, deux ou trois poignées de poussière de chaux, on forme une boue épaisse dans laquelle on fait tremper les sarments jusqu'à une hauteur de trente centimètres. Pendant la plantation, l'on commence par les premiers sarments trempés et on les remplace, dans le récipient, au fur et à mesure des besoins, de façon qu'ils demeurent tous à peu près le même laps de temps dans ce bain préparatoire.

qu'autant qu'on laisse subsister la crossette tout entière, mais lorsqu'on l'enlève, au moment de planter, en respectant l'empâtement de sa base, point de jonction du courson et du vieux bois, on évite les inconvénients signalés par Jules Guyot et l'on bénéficie de la formation d'un système radiculaire bien plus puissant et plus précoce que les racines émises par un œil ordinaire. Columelle (*De Re Rustica*) a, d'ailleurs, décrit cette opération bien avant M. J. Desbois. Il recommande de choisir les plants avec crossette sur vieux bois et d'enlever le plus de vieux bois possible.

N'est-il pas curieux de voir deux agriculteurs se rencontrer ainsi, à dix-huit siècles de distance ? J'ai dit *se rencontrer*, car il est inutile d'ajouter que M. J. Desbois n'a jamais lu Columelle.

En le plantant, il faut enterrer le sarment de vingt centimètres seulement, mais lui faire bien toucher le fond et l'enchâsser avec soin de terre friable et riche en humus.

IV.

Travaux périodiques de la Culture de la Vigne.

BINAGES. — La vigne réclame de fréquents binages. C'est une opération agricole d'une importance extrême. Le binage détruit les plantes parasites, réduit l'évaporation, empêche le terrain de se crevasser et protège les racines contre la trop grande chaleur.

Les vignerons ont l'habitude de descendre profondément dans le sol avec la pioche à dents ou même la bêche. Cette coutume, selon M. J. Desbois, est inintelligente et désastreuse. Ils

coupent ainsi la plupart des racines traçantes, qui
sont de vraies pompes à sucre. Le fruit se forme,
grossit et mûrit, grâce à l'alimentation du chevelu, de même que la charpente du cep s'entre-
tient et s'accroît par les maîtresses racines
pivotantes. Supprimer le chevelu, c'est détruire
volontairement sa récolte. D'autre part, puis-
qu'il est inutile et même nuisible de renverser l'ordre naturel des couches du sol, c'est
donc bien en vain que les pauvres vignerons
se donnent tant de mal pour bouleverser leur
terrain.

Piocher ou plutôt *sarcler* fréquemment en respectant les racines, ne pas approcher trop près
des ceps et ne jamais descendre au-dessous de
dix centimètres, voilà quel est le mode de binage
que nous conseillons.

FUMURE. — La fumure, qui doit être un puissant adjuvant du sol, n'est pourtant trop souvent
pour la vigne qu'une cause de maladie et de
souffrance.

On donne au terrain des fumiers en pleine pu-
tréfaction, portant en eux des germes malsains,

des œufs d'insectes et des graines de mauvaises herbes. Ces fumiers sont enfouis assez profondément dans le sol pour que, à l'abri des agents atmosphériques, leur décomposition soit lente et laborieuse. Durant ce travail, il se dégage des gaz asphyxiants qui, au lieu d'augmenter sa nourriture, fatiguent les racines du végétal.

Bien plus, des germes putrides produisent parfois cette maladie qu'on nomme *le blanc*. Le blanc est l'assemblage de nombreux champignons microscopiques, qui poussent spontanément, le long des racines, et qui paralysent les fonctions absorbantes des pores radiculaires (1).

Si le terrain est calcaire, les parcelles de chaux contenues dans le sol suffisent parfois à détruire ces germes putrides, en hâtant la décomposition du fumier qui les contient. L'emploi de la chaux est, en effet, le meilleur moyen de rendre la décomposition des fumiers prompte et complète.

Pour obtenir un bon fumier, il faut employer

(1) Le blanc se compose très souvent du *mycelium* de l'*Agaricus campestris*.

des débris organiques végétaux ou animaux, comme du fumier de litière (1); les étendre par couches de dix à quinze centimètres d'épaisseur, les saupoudrer de poussière de chaux et brasser le tout. Recommencer même plusieurs fois, si cela était nécessaire. Le fumier ainsi décomposé donnera aux ceps une vitalité prodigieuse.

En même temps que le fumier, il sera bon de répandre, en piochant, un peu de plâtre noir, un décilitre environ par mètre carré. Ce travail se fera à l'automne.

TAILLE. — Dans les bons climats et sur les coteaux exposés au Midi, qui n'ont pas à redouter les gelées tardives, la taille peut se faire dès la chute des feuilles. Mais partout ailleurs, dans

___

(1) Pour obtenir du bétail une grande quantité de fumier, il y a trois conditions principales à observer :

1° *Nourriture copieuse*. La quantité de fumier est en proportion de la quantité et de la qualité de nourriture que reçoivent les bêtes.

2° *Litière abondante*. Il ne faut rien perdre des urines.

3° *L'étable, toute l'année*. La bête tenue à l'étable produit quatre à cinq fois plus de fumier que celle qui va aux champs, et son fumier est de meilleure qualité.

les contrées froides, aux expositions Ouest ou Nord, il ne faut commencer cette opération que peu de temps avant le réveil de la végétation.

La vigne taillée en automne est plus précoce que celle qui se taillera au printemps. La raison en est facile à saisir. Dans la vigne taillée en automne, il n'y a pas de déperdition de sève, tandis que les longs sarments que l'on coupe au printemps, déjà humides et verts, ont absorbé inutilement le meilleur de la sève ascendante. On comprend que, dans le premier cas, les bourres éclatent plus tôt et que les bourgeons soient plus vigoureux que dans le second.

Chaque année, on rabattra le porteur à fruit, et on le remplacera par le plus long sarment du courson taillé à deux yeux. C'est le moyen de rajeunir, tous les ans, le courson fructifère.

Pinçage et Ébourgeonnement (*Moyen de prévenir la coulure et de remédier à la gelée*). — Au printemps, lorsque par un temps pluvieux et froid, le soleil ne vient pas réchauffer de ses rayons les pampres en fleurs, il se produit un phénomène très curieux, et plus malheureux encore que curieux. On voit les raisins fondre peu à peu, perdre leur forme primitive et se changer en vrilles. Pour prévenir cet accident, dès que l'œil est débourré et que les formes du raisin sont apparentes, il faut pincer l'extrémité du bourgeon et toutes les vrilles. Cette opération provoque un arrêt de sève, dont bénéficient les grappes futures.

Aussi bien, on les voit s'allonger, se fortifier, se constituer enfin de telle sorte qu'elles restent désormais à l'abri d'une coulure complète.

Les résultats obtenus ainsi sont tellement avantageux que M. J. Desbois conseille de pratiquer cette opération, même par les printemps les plus ensoleillés.

Lorsqu'une gelée tardive aura flétri tous les bourgeons et que la récolte paraîtra, de ce chef, irrévocablement perdue, si l'on veut obtenir du cep une nouvelle végétation fructifère et, par conséquent, une récolte inespérée, voici comment il faut procéder :

Pincer à l'épaisseur d'un écu tous les bourgeons gelés; peu de temps après, apparaît à leur base un œil ou deux. Pincer ces deux yeux à deux feuilles : c'est de l'aisselle de chacune des feuilles que sortiront les bourgeons fructifères, destinés à réparer le mal causé par la gelée et à récompenser le vigneron de la peine qu'il aura prise en exécutant ce travail.

CHAPITRE TROISIÈME.

SUPPRESSION DE LA TAILLE DES ARBRES FRUITIERS.

Ans son champ d'expériences de Mey-zieu, M. J. Desbois possède plus de six mille pieds d'arbres fruitiers. Leur forme est irréprochable et leurs produits délicieux. La branche, vierge de taille et de pincement, n'offre aucune plaie : point de mousses parasites sur leur tronc vigoureux, point d'insectes sous l'écorce luisante de santé. Une promenade à travers ce verger modèle est le meilleur argument qui milite en faveur du Système d'Arboriculture de M. J. Desbois.

I.

Observations générales.

On ne saurait apporter trop de soins à la plantation et à la culture des arbres fruitiers. De la manière dont on a planté et dont on cultive un arbre dépend, en grande partie, la qualité de ses produits.

PLANTATION. — Les fosses destinées à recevoir les jeunes arbres doivent mesurer un mètre carré environ. On les ouvre en septembre pour opérer la plantation en novembre et décembre. Durant cet intervalle, les agents atmosphériques ont le temps d'ameublir le sous-sol laissé à découvert : l'humidité s'évapore, et le terrain s'échauffe peu à peu aux rayons du soleil.

Pour exécuter ce travail, l'automne est préférable au printemps, parce que l'arbre planté en automne a tout l'hiver pour asseoir ses racines et assurer leur contact avec la terre destinée à les nourrir.

Les meilleurs sujets de plantation sont les sujets greffés d'un an et greffés sur cognassier. Cet arbre est muni de racines traçantes des plus vivaces qui assurent presque toujours la reprise des sujets transplantés.

Dans le courant de novembre, par un temps sec sans être froid, on déchausse prudemment le jeune sujet, et on le transporte au bord de la fosse qui lui a été préparée. Dans cette fosse, on jette un peu de terre friable et de débris organiques végétaux, tels que gazons ou genêts, le tout saupoudré de chaux. Il faut alors inspecter minutieusement les racines de l'arbre ; toutes celles qui ont été froissées par l'arrachage ou le transport sont coupées à la serpette, au-dessous de la blessure. La racine principale, qui est pivotante, demande des soins tout particuliers.

Après avoir praliné (1) les racines amputées,

____

(1) Ce travail, qui consiste à plonger les racines dans une espèce de boue épaisse, faite de fumier d'étable, d'argile et de cendres de bois, facilite l'émission des radicelles.

on met l'arbre en place. On a soin de l'enchâsser complètement : il faut le faire mouvoir dans tous les sens pour permettre à la terre de pénétrer aisément entre ses racines.

Le collet de la greffe, *enterré de dix à quinze centimètres,* est entouré d'une bonne couche de fumier à demi-décomposé. On recouvre de terre ce fumier et l'on tasse le tout avec les pieds.

LA GREFFE DOIT ÊTRE ENTERRÉE. — Tous les arboriculteurs ont recommandé, jusqu'à présent, de ne pas enterrer le collet de la greffe. Cette opération, disent-ils, produirait une telle poussée de sève, que les arbres ainsi traités, superbes de végétation, risqueraient, néanmoins, de demeurer stériles. C'est donc faute de moyens pratiques pour maîtriser cette vigueur exubérante et la faire servir à la fructification, qu'on a laissé les arbres s'étioler dans une lutte continuelle entre deux principes contraires, le Sauvageon et la Greffe.

La plupart des sauvageons, coignassier, prunier, sainte-Lucie, etc., sécrètent des sucs âcres et acides qui tendent à diminuer la saveur des produits de la greffe : ainsi s'explique la dégénérescence et la disparition même de certaines espèces, vantées jadis par nos ancêtres, et que nous ignorons aujourd'hui ou que nous trouvons détestables.

Au lieu de ce combat, qui tourne toujours au désavantage de l'espèce améliorée, que se passe-t-il si l'on enterre le collet de la greffe ?

Un système radiculaire complet se forme à ce collet et absorbe peu à peu le sauvageon. Une fois affranchi, l'arbre prend une vitalité extraordinaire. Diriger cette sève puissante, redoutée des arboriculteurs, la contraindre à former les fruits et à les améliorer, tel est le problème que M. J. Desbois a résolu par la *Suppression de la taille*. En effet, les pincements d'yeux et de bourgeons qu'il indique au paragraphe suivant, font naître ces dards à fruit dont les arboriculteurs avaient cherché, mais en vain jusqu'alors, à provoquer la formation.

Cette découverte de M. J. Desbois est le complément de l'invention de la greffe. Elle est appelée à transformer les arbres fruitiers, à doubler leurs produits, et à maintenir les espèces dont la disparition était prochaine.

CULTURE. — L'arbre fruitier demande des binages assez fréquents pour le préserver des mauvaises herbes et de la sécheresse ; mais, tout autant que la vigne, il redoute les bêchages profonds qui coupent ses racines et renversent l'ordre naturel des couches du sol. Il faut aussi que sa fumure soit appropriée à la nature du terrain dans lequel il est planté.

Voici les principales fumures recommandées par M. J. Desbois :

Pour les terrains argileux :

1º Cendre de houille.
2º Fumier pailleux.
3º Débris de plantes.

Pour les terrains siliceux :

1º Curage de fossés.
2º Fumier bien décomposé.
3º Gazons.

Pour les terrains calcaires :

1º Gazons.
2º Fumier à demi-décomposé.
3º Cendres de bois non lessivées.

Ces fumures se composent toutes de plusieurs lits de différentes matières organiques en décomposition. On saupoudre chaque lit de poussière de chaux, et l'on recouvre le tout d'une couche de terre bien damée à la pelle, capable d'empêcher la volatilisation des gaz. Ce terreau se fait à l'automne. Il s'arrose de temps à autre avec de la matière ou du purin. Au bout de trois mois, on le coupe, à la bêche, en tranches verticales, on le brasse et on le remet en tas. On doit l'arroser jusqu'au moment de l'employer, c'est-à-dire jusqu'au premier binage du printemps.

Ces matières, décomposées à l'aide de la chaux grasse, se réduisent beaucoup, sans rien perdre de leurs principes fertilisants. Outre leur bas prix de revient, ces terreaux ont l'avantage immense de ne contenir ni graines de mauvaises herbes, ni œufs d'insectes, et d'offrir aux arbres, sous le plus petit volume possible, la nourriture la plus substantielle et la plus saine.

II.

Suppression de la Taille.

A la pousse du printemps, on ne laisse développer, sur la tige du jeune arbre, que les yeux destinés à former ses branches de charpente. Les bourgeons à bois qui partent le long de ces branches sont arrêtés à la deuxième feuille. De l'aisselle de cette feuille sort un nouveau bourgeon. A peine paru on s'empresse de le couper à l'épaisseur d'un écu et l'on voit poindre alors plusieurs yeux, véritables dards à fruit.

Pendant la période de végétation, comprise entre la pousse du printemps et celle de l'automne, l'œil terminal des branches de charpente sera arrêté tous les quinze ou vingt centimètres, et cela près d'une feuille, de manière que l'œil qui est à sa base forme le prolongement de la branche.

Le refoulement de sève qu'occasionne cette opération fait émettre des yeux cachés à l'aisselle
de cette feuille extrême. Ces yeux, coupés de
suite à l'épaisseur d'un écu, produisent deux
sous-yeux stipulaires renfermant des dards à
fruit. Si, par un excès de vigueur, la sève chan-
geait ces dards en brindilles, il faudrait recommencer le même travail sur ces yeux à l'état
herbacé : au lieu de deux yeux, on en obtiendrait
alors quatre et même davantage, tous à fruit.

Cette manière de procéder offre de nombreux
avantages.

Le refoulement perpétuel de la sève prévient
la dénudation des branches et réveille des yeux
latents, destinés à renouveler la production fruitière. Les nombreuses plaies, produites par la
taille, qui laissent fluer la sève et nicher les
insectes, sont évitées par le pincement des bourgeons. Les brindilles gourmandes, qui acca-
parent le meilleur de la sève, sont remplacées
par des dards à fruit. Tous ces dards à fruit
sont accompagnés d'un grand nombre de feuilles
dont la respiration ne contribue pas peu à entretenir la fraîcheur et la santé du sujet.

D'autre part, aucun système ne se prête mieux à la régularité parfaite des formes. Il suffit de palisser les branches sur une charpente de bois ou de fil de fer, et, traités comme nous l'avons décrit ci-dessus, tous les rameaux garderont la direction qu'on leur donnera. Ainsi se trouve atteint le double but que se propose tout arboriculteur, obtenir des arbres gracieux et productifs.

Cette théorie de la suppression de la taille ne s'applique qu'aux jeunes sujets et non aux vieux arbres déjà mutilés par de fréquentes amputations. Pour ceux-ci, nous conseillerons de rabattre, à la taille, à l'épaisseur d'un écu, leurs lambourdes trop longues et leurs nombreux gourmands. Au cours de la végétation, on pratiquera, sur les yeux qui se développeront, le travail décrit précédemment. On peut dès lors abandonner la taille. Dès la deuxième année de ce traitement, l'arbre se garnira de fruits ; les branches de charpente, débarassées de leurs brindilles, seront gonflées de sève et émettront de nombreux sous-yeux. Sans atteindre bien entendu la perfection des sujets traités ainsi depuis leur plantation, ces vieux arbres rajeunis donneront, pendant de longues années encore, de fort beaux produits.

La suppression de la taille peut s'appliquer à toutes les espèces d'arbres fruitiers sauf au pêcher.

Pêcher en Espalier. — On sait que la taille du pêcher consiste dans le remplacement du courson et le pincement de ses bourgeons. M. J. Desbois ajoute à cette opération un ébourgeonnement particulier qui lui a toujours réussi.

Au printemps, dès que l'état de la végétation permet de distinguer les boutons à fruit des boutons à bois, on débarrasse le courson fructifère de ces derniers ; mais on respecte pourtant celui qui confine à la branche charpentière, car il est destiné à former le courson de l'année suivante. L'ébourgeonnement, fait de bonne heure, épargne à l'arbre les nombreuses plaies du pinçage et refoule de suite la sève, pour le plus grand avantage des fruits.

TABLE DES MATIÈRES

Des Presses

de

VITTE & PERRUSSEL

IMPRIMEURS-ÉDITEURS

à LYON

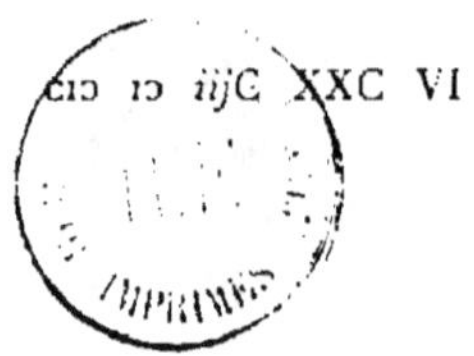

cIↃ IↃ iijC XXC VI

www.ingramcontent.com/pod-product-compliance
Lightning Source LLC
LaVergne TN
LVHW012216170726
843503LV00005B/2097